H.-M. AUDRAN

LE CHIEN

Races — Education — Hygiène

Dressage

PARIS

Collection A.-L. GUYOT

20, rue des Petits-Champs, 20

LE CHIEN

I

Origine du Chien. — Races principales

Le genre *chien* est caractérisé scientifiquement, par la présence de cinq doigts aux pieds de devant, et de quatre seulement à ceux de derrière ; les ongles ne sont point rétractiles.

Ce genre comprend les chiens, proprements dits : chien domestique, loup, chacal, etc. ; les renards et les hyènes.

Le chien domestique ne se retrouve plus à l'état sauvage. Les découvertes faites dans les terrains quaternaires semblent prouver que le chien ne descend d'aucune des espèces sauvages actuelles, mais qu'il faut en chercher la source dans une espèce qui aurait vécu à l'époque diluvienne.

Dans les cités lacustres, on a trouvé deux races de chiens nettement caractérisées : l'une intermédiaire, pour la grosseur et la forme extérieure, entre le chien de garde et le chien d'arrêt; l'autre, plus récente que la première, rappelant notre chien de berger.

Le chien est fidèlement représenté sur les plus anciens monuments de l'Egypte. On l'y voit même en laisse et le cou entouré d'un collier.

On conçoit, en effet, l'utile et indispensable secours que le chien devait prêter à l'homme, armé seulement de la hache, de la massue ou de la flèche de pierre, pour frapper la proie qu'il poursuivait ou qu'il attaquait corps à corps.

Le chien est la plus belle conquête que l'homme ait jamais faite; il est le premier élément des progrès de l'humanité. Sans le chien, l'homme était condamné éternelle-ment à végéter dans les limites de la sauva-gerie. C'est le chien qui a fait passer la société humaine de l'état sauvage à l'état patriarcal, en lui donnant le troupeau.

Une fois soumis à l'influence de l'homme, assisté du chien, transporté avec lui dans tous les climats, nos animaux, esclaves d'abord, privés ensuite, ont subi, dans la suite des âges, une foule de modifications relatives aux formes extérieures, à la taille, aux proportions des membres, aux ins-tincts et à l'intelligence.

Relisez l'éloge magnifique de cet ami de l'homme par Buffon, et vous comprendrez mieux comment toutes les qualités de cet animal en ont pu faire le quadrupède domestique le plus apprécié et le plus aimé.

Le chien est de tous les animaux le plus disposé à profiter de l'éducation qu'on lui donne ; il modifie avec une extrême facilité ses instincts et ses habitudes, pour plaire à son maître, ce qui double le prix de sa docilité. Un proverbe populaire anglais dit : *Like master, like Dog*, tel maître, tel chien, ce qui est d'une grande vérité.

On compte un grand nombre de variétés dans les chiens ; mais les naturalistes les ramènent à quatre races principales : les Mâtins, les Epagneuls, les Dogues et les Roquets. Le Chien de Berger nous apparaît, comme le père de tous les chiens, car cette variété est la plus universellement connue et celle dont l'origine est la plus ancienne.

Il existe actuellement plus de cent cinquante races ou sous-races de chiens, c'est pourquoi nous n'en décrirons que les principales. Pour rendre plus claire notre énumération, nous les classerons d'après leur taille et la nature de leur robe.

CHIENS A POIL LONG, FRISÉ OU BOUCLÉ

Barbet. — Race très ancienne, à robe variable et à poil long et frisé, réuni en mèches. Il est très intelligent et très attaché

Chien de berger

à son maître. Comme il aime beaucoup l'eau, on peut l'employer à la chasse à l'étang.

Chien de Berger, dit le Briard. — Cet excellent chien est particulièrement destiné à la garde des troupeaux. Quoique de taille moyenne (55 à 65 c/m.), il est solide et bien charpenté. A cause de son odorat très développé, on l'utilise à la chasse.

Briard

Caniches. — Il existe de curieuses variétés de caniches. Son caractère est : tête forte, front large, oreilles longues et tombantes; poil long, frisé et *laineux*, qu'on désigne sous cette dernière qualification et qui est le plus répandu ; le *Caniche cordé* ou à *cadenettes*, ou *royal*, à poil réuni en longues cordelettes. Cette variété est peu commune et recherchée des amateurs. Le Caniche est un descendant du Barbet.

Caniche

CHIENS A POIL LONG ET SOYEUX
ÉPAGNEULS

Épagneuls Français. — Cet excellent chien d'arrêt, a la tête moyenne, le crâne garni de poil court, les oreilles basses avec poil soyeux et ondulé, comme le corps. Sa queue est courte et garnie en dessous de poil long. Taille, o m. 60. Son nom lui vient de ce qu'il est originaire d'Espagne. Il existe de nombreuses variétés d'Epagneuls

Epagneul

qu'on élève surtout comme chiens d'appartement, à cause de leur petite taille et de la beauté de leur robe.

Setter Anglais. — Les grands éleveurs de cette belle race ont l'habitude d'ajouter au mot Setter le nom de l'amélioration de la race. Nous avons ainsi le Setter-Gordon et le Setter-Laverach, qui sont, tous deux, des chiens genre épagneul, très résistants à la chasse.

Setter

Il y a aussi le *Cocker*, excellent chasseur, qu'on utilise en Ecosse, pour la chasse au coq de bruyère, d'où lui vient son nom. C'est un défaut dans les Setters d'avoir le poil frisé, le cou court et d'être **chargé** de graisse.

Un Setter anglais vaut de 25o à 1.ooo fr. selon l'âge, les origines et la valeur en chasse.

CHIENS A POIL LONG ET DUR

Griffons d'arrêt. — Tête large, oreilles moyennes, poil assez long, grossier sur le

Griffon

corps, plus court sur les membres. Pelage variable : noisette, gris-brun, marron, pie-

2

marron, etc. Ils appartiennent au groupe des barbets et sont d'origine anglaise.

Griffons courants. — Même poil et pelage ; oreilles épaisses et tombantes. Nombreuses sous-races fréquemment croisées entre elles.

Griffon Boulet ou à long poil. — Ce griffon porte le nom de son améliorateur. Son pelage est plus soyeux et ondulé ; il a les sourcils très forts. Couleur marron ou feuille morte, sous taches noires.

CHIENS A POIL RAS

Braques ou chiens d'arrêt. — Les anciens ne connaissaient pas le chien d'arrêt. Piétrement a démontré que la faculté d'arrêter a été développée en Occident, chez le chien, par les fauconniers, aux environs du règne de Dagobert.

Les valets chargés de soigner, autrefois, ces chiens, s'appelaient *braconniers*. On voit que ce mot désignait d'abord, non celui qui chasse en fraude, mais certains valets de chiens.

Les caractères communs des chiens d'arrêts à poil ras sont : tête plate, cassure du

Braque

nez bien nette, oreilles moyennes et tombantes, œil petit. Robe variable avec les sous-races.

On remarque surtout le *Braque de l'Ariège*, le *Braque d'Auvergne*, celui du

Bourbonnais et le *Braque Espagnol*, au poil pie-orange.

Pointers. — Ces chiens d'arrêts anglais sont dérivés du Braque espagnol. Ils ont les mêmes caractères généraux que les braques et la robe variable. On les divise en deux catégories : ceux de grande taille,

Pointer

pesant 5o livres au moins, et ceux de petite taille, pesant moins de 5o livres.

Un Pointer sans origine ne doit pas être payé plus de 25o à 3oo francs.

Les Braques français, de bonne origine et chassant bien, peuvent valoir de 4 à 6oo francs.

CHIENS COURANTS A POIL RAS

Ces chiens de meute qui n'appartiennent guère qu'aux propriétaires de grandes chasses, ne peuvent nous intéresser que secondairement. Nous citerons parmi les descendants de l'ancienne *race de Saint-*

Chien courant

Hubert, le *Chien Normand*, le *Chien Vendéen*, le *Chien Gascon*, le *Chien de Saintonge*, les *Briquets* et les *Bragles*. Ces deux dernières sous-races sont de plus petite taille et servent à chasser le lièvre.

GROUPE DES CHIENS POINTUS A OREILLES DRESSÉES

Dans ce groupe se classent tous les chiens sauvages ou semi-sauvages qui ont la face étroite, effilée, l'oreille dressée et triangulaire, le crâne large, la cassure du nez très effacée : le *Dingo* d'Australie, le *Chien de la Terre de Feu*, le *Chien des Esquimaux*, le *Chien de Sibérie*, le *Chien Kabyle*, etc.

Dechambre a montré comment la physionomie de tous ces chiens qui sont des « pointus à lèvres minces » s'oppose à celle des chiens courants qui sont, par contre, des « lippus à oreilles basses ».

Dans les races cultivées, nous mentionnerons :

Le Colley ou Chien de Berger Ecossais. — Le Colley est aujourd'hui répandu dans toute l'Europe. Bien que beaucoup l'adoptent comme chien de luxe, à cause de sa belle robe et de sa queue touffue, il peut être très bien utilisé comme chien de garde.

Cette variété est très populaire en Angleterre, bien qu'on le prétende moins intelli-

Colley

gent et plus somnolent que d'autres. Son nom lui vient de ce que les éleveurs anglais luï confient spécialement la garde d'une sorte de moutons appelés collies.

Comme il n'a aucun goût pour la chasse,

et vit, en bon ménage, avec tous les hôtes à poil, ou emplumés de la maison ; il a des admirateurs comme chien de garde, car il réunit l'agréable à l'utile. Le prix d'un Colley varie, à 12 mois, de 200 à 800 francs.

Il y a deux sortes de Collys ou Colleys, l'un à poil long, l'autre à poil ras. Ces derniers sont de beaucoup les plus beaux et les plus estimés. Ils doivent être bien proportionnés et musclés.

Le *Vieux Chien de Berger Ecossais, sans queue* ou *Scoth Bobtailed Shepp Dog*, est une ancienne race poilue comme le chien de Brie, avec les oreilles tombantes.

Les Loulous. — Les Loulous ont la face pointue, l'oreille petite, dressée, tournée en en avant ; la tête couverte de poil court, le corps garni de poil long, la queue très touffue et relevée. La robe est blanche, noire, marron, gris-fauve, etc., etc. Les

Loulous sans queue sont un accident, comme dans toutes les races, mais cela ne constitue pas une variété.

Le Chien de Beauce ou *Chien des Bouviers.* — Il appartient à une des races les plus anciennes, et l'on croit que c'est le

Loulou

chien de Tourbières rencontré dans les restes d'habitations lacustres de Suisse et du Jura. Ce chien est un type différent de celui du chien de Brie; il rend les mêmes services et on s'occupe beaucoup de l'améliorer à cause de ses nombreuses qualités.

CHIENS A FACE COURTE ET CONCAVE

Le Boule-Dogue (Bull-Dog) est d'origine anglaise. Un vieux chroniqueur fait mention en 1155, des chiens employés, au port de Saint-Malo, à la garde des navires laissés à sec à marée basse ; il fut plus tard introduit en Espagne pour servir dans les courses de taureaux. C'est un excellent chien de garde, quoique peu intelligent, à cause de son courage et aussi de sa férocité.

Nous n'avons pas à décrire le Boule-Dogue que tout le monde connaît.

Il existe une sous-race de taille réduite qui produit des chiens d'appartement.

Les Lévriers. — Le Lévrier est d'une classification très difficile et les auteurs, à son sujet, sont d'un avis différent. En réalité, il y a des *Lévriers à poil dur*, comme les Griffons, et des Lévriers à poil long et souple, correspondant aux Epagneuls, ce sont les *Lévriers Russes ;* enfin, des *Lévriers à poil ras,* originaires d'Afrique, et le *Greyhound,* qui constitue le type classique du Lévrier.

Lévrier à poil ras

On les utilise, dans certains pays, pour la chasse au lièvre (de là leur nom) à cause de la vitesse de leur course qui est de 20 à 3o mètres par seconde.

Les Lévriers de petite race, à poil ras, se nomment *Levrettes.*

II

Les Dogues et Chiens de garde

Nous rangeons dans ce groupe, les chiens de garde les plus recommandables, parmi lesquels il faudra retenir le *Boule-Dogue*, dont nous venons de parler, favori de nos voisins d'outre-mer, et qu'ils estiment surtout en raison de sa laideur.

Le Dogue Français ou de Bordeaux. — C'est le type le plus curieux de nos chiens de garde de race Française. Sa puissante structure en impose aux malfaiteurs. Sa taille atteint 75 c/m, sa tête est énorme, ses mâchoires massives et puissantes. Le rein est court et large, la queue très courte, épaisse à la naissance et bien effilée. Les pattes de devant, plus courtes que celles de derrière sont légèrement courbées en dehors. Le poil ras et luisant, **de couleur fauve et sous blanc.**

Dogue

Comme l'élevage de ce chien est très difficile, leur prix est très élevé et varie de 1.5oo à 2.000 francs.

Les Chiens de Montagne. — Ces chiens sont les produits de Chiens de Berger et de

Mâtins : ils sont, en général, mal confor-
més et ont les jarrets arqués. Les variétés
les plus remarquables sont les suivantes :

1º *Les Chiens des Pyrénées*, à poil long,
blanc et orange, de très grande taille, utilisés
dans les montagnes pour la garde des troupeaux.

2º *Les Chiens du Léonberg*, qu'on suppose croisés du Terre-Neuve et du Saint-
Bernard, à poil long, à tête étroite et de
couleurs variées. Race un peu abandonnée.

3º *Le Dogue Danois*. — Ce beau chien,
originaire de la Dalmatie, est surtout élevé
dans le sud de l'Allemagne. Il a donné plusieurs sous-races ; celle *d'Ulm* ou *Dogue
allemand*, le *Danois* bleu de robe, unifor-
mément bleue ou ardoisée, sous poil blanc,
le *Danois Tigré ou Arlequin*, caractérisé
par une robe à fond blanc parsemée de taches noires ou brunes très irrégulières, et,

enfin, une *sous-race mouchetée de Dalmatie*, plus petit, plus léger et plus svelte, avec tigrures noires ou brunes, comme l'Arlequin, et qu'on élève comme chien de luxe, depuis quelques années.

Le *Dogue anglais ou Mastiff*. — Ce molosse est le Dogue de Bordeaux des Anglais,

Mastiff

avec une tête moins puissante et un corps moins roulé. Comme il est souvent mal conformé, les beaux spécimens valent couramment un millier de francs. Son caractère doux, empêche d'en faire un gardien de mérite comme notre Dogue français, aussi a-t-il moitié moins de valeur.

Le Saint-Bernard. — Originaire des Alpes, ce superbe chien réunit à la majesté une bonté qui est légendaire. C'est aux moines du Mont Saint-Bernard que nous devons cette race d'élite, dont les plus beaux spécimens se trouvent aujourd'hui en Angleterre.

Le Saint-Bernard est à poil long ou à poil ras. La tête doit être large, massive et courte, la cassure du nez bien prononcée, les lèvres épaisses mais pas trop pendantes, le crâne large mais non bombé. Les oreilles doivent tomber près des joues et être fortes à la base.

Les yeux petits et enfoncés, pas trop rapprochés l'un de l'autre et de couleur sombre, la paupière inférieure doit tomber assez pour laisser voir une partie de l'orbite. Le nez doit être large et noir, les narines bien développées. Le cou long, musculeux et un peu arqué, les épaules bien relevées au garrot. La queue portée un peu haut, longue et touffue s'il est à poil long.

Sa hauteur doit être de 75 c/m pour le mâle, et de 67 c/m pour la femelle. Plus un chien est haut, toutes proportions gardées, plus il est beau. La couleur doit être fauve, orange, un peu bringée ou blanche, avec taches fauves ; dans ce dernier cas, le corps doit être blanc avec taches fauves sur les yeux et les oreilles, le museau sera blanc.

Un Saint-Bernard adulte, ayant un bon pédigrée vaut de 800 à 1.000 francs.

On a vu de beaux spécimens atteindre le prix de 30.000 francs.

Le Chien de Terre-Neuve. — Il comprend deux variétés : Le *Terre-Neuve noir* et le *Terre-Neuve noir et blanc* ou de *Landseer*.

Ce chien, quoique moins fort que le Saint-Bernard, est aussi courageux et aussi bon, et il n'y a pas un de nos lecteurs qui

Chien de Terre-Neuve

ne connaisse quelques traits de dévouement de ces admirables animaux. Les grands paquebots en ont maintenant tous à leur bord, pour aider au sauvetage des passagers.

Un bon chien de Terre-Neuve doit avoir

la tête large et massive, l'occiput bien développé, la cassure du nez bien accentuée et
le museau court; la robe doit être unie et
douce, presque onctueuse et capable de
résister a l'eau. Les jambes doivent être
bien droites et fortement musclées, recou-
vertes de poil jusqu'au bas. Le dos doit
être large et les reins bien droits. La queue
assez longue mais à peine recourbée à l'ex-
trémité. Les yeux doivent être petits, d'une
couleur brun noir, plutôt un peu enfoncés
dans l'orbite.

Ce chien doit être ou tout noir, ou blanc
avec taches noires. La variété à robe noire
a quelquefois une petite tache blanche au
poitrail.

La hauteur moyenne est de 67 c/m pour
les chiens et de 62 c/m pour les chiennes,
mais plus leur taille est élevée, plus ils ont
de valeur, si le corps est bien proportionné.

Un Terre-Neuve adulte, avec un bon pédigrée vaut de 250 à 500 francs.

Le Chien des Esquimaux. — Ce chien, originaire du Groëlan, et que les Esquimaux emploient comme bête de trait, commence à se répandre en Europe, amené sans doute par les pêcheurs d'Islande.

Il est remarquable par sa fourrure composée d'une couche de poil double; celle du dessous presque laineuse. C'est un chien bien musclé, au museau pointu, aux oreilles droites, portant la queue complètement recourbée. Sa couleur ordinaire est le gris ou fauve très clair.

III.

Races de petite taille ou Chiens d'agrément

Le groupe des chiens de luxe, ou chiens de petite taille, dérive pour la plupart de

Levrette

races lourdes ou moyennes, chez lesquelles la diminution de la corpulence s'est accentué méthodiquement. Il est facile de reconnaître, dans plusieurs races, naines, les formes de grands et gros chiens dont nous venons de vous entretenir

Ainsi, la *Levrette* est la miniature du levrier.

Le *Carlin*, la réduction du Mastiff.

Les *petits Loulous*, des Loulous ordinaires.

Petit Griffon

Griffon

Les *petits Griffons*, des Griffons de chasse, chassant au buisson. Nous citerons parmi les variétés curieuses : le *Griffon singe*, le *Griffon bruxellois*, le *Griffon allemand*.

Les *Griffons à poil hérissé* ou *Griffons singes*, comprennent quelques chiens d'arrêt et aussi des races de petite taille, très en honneur dans les appartements. Ces petits chiens étaient déjà connus au ive siècle, dans les Iles-Britanniques et chez les Bretons, sous le nom d'*Agassins*, et servaient à la chasse.

Quand il est de race pure, son corps est très allongé en proportion des membres, sa longueur égalant trois fois sa hauteur, ce qui le fait ressembler à un basset.

Il est recherché des amateurs à cause de sa laideur, provoquée par les longs poils hérissés de sa tête.

Ces chiens sont très intelligents, gais, soumis, caressants et même courageux. Ils sont excellents pour la chasse aux rats, et même, dans certaines localités, on les dresse pour chasser les lapins et les cailles.

Le *Griffon bruxellois* est une variété de Griffon singe, très choyé de nos mondaines. Sa physionomie est éveillée. Il ne tient pas en place. Son caractère est aimable et enjoué.

Le *Griffon allemand* est un dérivé, par dégénérescence des précédents

Les *petits Epagneuls* forment un groupe

Epagneul

homogène en tous points parallèle à celui des grands Epagneuls et des Setters.

Les *King-Charles* sont les plus gracieux des chiens d'appartements, aussi les beaux spécimens atteignent-ils des prix fantastiques. La Reine Victoria possédait, dit-on, une soixantaine de ces rares réductions de chiens d'appartements, et dans sa demeure royale, un salon leur était affecté, où ils pouvaient admirer, sous des cadres dorés, les portraits de leurs prédécesseurs dans l'affection de la reine (son nom lui vient de ce qu'ils étaient les favoris du roi Charles II).

Le *King-Charles* est noir et feu, sa queue est touffue, ses oreilles larges et pendantes comme les Epagneuls.

Le *Blenheim* est blanc et marron. Tous deux ont le poil souple, ondulé et brillant. Il est plus petit encore que le King-Charles.

On a vu à Londres des King-Charles et des Bleinheim, atteindre le prix de 150 à 200 guinées.

Il existe encore deux autres sous-races de King-Charles : le *Prince-Charles*, qui est pie, mais de trois couleurs, blanc, orange et noir; et une autre dépourvue de nom

King-Charles

spécial, qui est entièrement roux-orangé comme le Setter irlandais.

Ces petits animaux sont pleins d'affection pour leurs maîtres. Ils sont gais, moins intelligents que les petits griffons, mais très adroits. On leur apprend aisément à exécuter une foule de tours.

Le *Bichon maltais ou havanais*, tout blanc avec son poil frisé, n'est pas autre chose qu'un petit caniche.

Le *Chin* ou *Tsin japonais*, est un très curieux petit animal, à tête courte et camuse, à poil long et ondulé, de couleur

Bichon japonais

pie noir. Aucun chien ne posssède une face aussi réduite, un crâne aussi globuleux.

C'est un animal très rare qui a été importé de chez les Japonais, gens experts dans l'art de réduire non seulement la taille des **arbres**, au point de faire pousser un chêne dans un pot de fleur, mais aussi celle des **chiens**.

Le *Dandie-Diumont* fait partie d'un petit **groupe** de terriers-bassets; c'est-à-dire à jambes courtes, qui comprend aussi le *Terrier écossais* et le *Skirterrier*.

Long environ de 70 centimètres du bout du nez à l'origine de la queue, sa **hauteur** est de **25** centimètres ; la queue en a 20. Le pelage est hérissé, demi-long, assez rude, la tête et les pattes de couleur très mélangé brun, de roux, de blanc, de noir, etc. C'est une race particulière à l'Écosse et devenue très rare. Ce chien d'appartement chasse non seulement les rats, mais encore les renards.

Les *Toy-Terriers* ou *Terriers nains*, sont également très appréciés comme chiens de dames. Les races à poil hérissé les plus cotées sont originaires des Iles-Britanniques ce. sont :

Le *Terrier irlandais* qui est entièrement roux.

Le *Terrier du Pays de Galles*, noir, gris et feu.

Le *Bedlington terrier*.

Le *Terrier d'Airedale*.

Le *Terrier du Yorkshire*, qui est le plus mignon de tous. La beauté de ce terrier consiste, pour les amateurs dans le grand allongement des poils, qui pendent d'une façon bizarre. D'un gris d'acier sur le dos, ils sont d'un blond doré aux membres et sous le ventre.

Ces chiens pèsent rarement plus de 5 kilos. Vifs, spirituels, ces terriers minuscules, sont susceptibles d'attachement et lorsqu'ils sont bien éduqués, leur intelligence acquiert une finesse remarquable. Il faut ajouter que doués, malgré leur petitesse, d'une grande force de mâchoires, ce sont de terribles chasseurs de rats.

LES GRIFFONS A POIL RAS, considérés comme chiens d'appartements sont :

Le *Fox-Terrier ou Griffon de renard.*

Le *Bull-Terrier,*

Le *Terrier-Nain.*

Le *Terrier noir et feu* (black and tau)

Griffon de renard

Le FOX-TERRIER est un petit chien robuste, vif, musclé, blanc avec taches jaunes et noires, à poil ras ou à poil dur. Il est doué d'une intelligence remarquable, montre un jugement sûr de la réflexion et beaucoup d'habileté.

Brehm cite le cas d'un griffon nommé *Peter* qui volait de la menue-monnaie, partout où il se trouvait, et courait à la boulangerie acheter des gâteaux. Un jour, le boulanger, dont il était le client assidu, voulut lui donner un pain brûlé : le chien lui retira immédiatement sa pratique pour la donner à un concurrent, habitant de l'autre côté de la rue, et qui servait mieux sa clientèle.

Ces petits chiens, malgré leur taille réduite, sont très courageux. On attribue cela an sang de boule-dogue qu'ils ont dans les veines.

Le BULL-TERRIER est un métis du bull dog et du terrier. C'est la race la plus estimée en Angleterre pour la chasse aux

4

rats. Son habileté à attraper les rats est extraordinaire; l'un d'eux du nom de Ting, est célèbre pour avoir étranglé 5o rats en 23 minutes. Ce petit chien prodige ne pesait pas 3 kilos.

Le TERRIER NAIN, est le terrier d'appartement par excellence. Il était déjà connu en Angleterre au temps du roi Richard, car un vieux tableau, qui se trouve à Westminster, montre un de ces chiens couché aux pieds du monarque.

Ces chiens, qui pèsent rarement plus de 3 kilos, ont la tête ronde, les yeux saillants. Le pelage peu fourni, mais très doux, est d'une grande importance pour déterminer la pureté de la race.

Ils sont très braves pour lutter, mais ils craignent l'eau et le froid. En hiver, ils aiment le coin du feu.

C'est à cette race qu'appartenait le chien

de **Ninon** de Lenclos. Il avait été **apporté** d'**Angleterre** en France par le marquis de **Wolcester**. Il était svelte, mignon, avait l'œil très noir, le poil fauve et s'appelait Raton.

Quand on invitait à dîner cette femme célèbre, dit Brehm, si recherchée à raison des grâces de son esprit, elle **ne manquait** jamais de mener avec elle ce joli petit chien, son éternel compagnon, elle le plaçait dans un corbillon, tout près de son assiette.

Or, c'était son officier de santé, et il maintenait sévèrement le régime de sa maîtresse, qui conserva sa belle humeur et sa santé jusqu'à près de cent ans...

Raton laissait passer sans mot dire, le potage, la pièce de bœuf et de rôti; mais, dès que sa maîtresse faisait semblant de toucher aux ragouts, il grommelait, la regardait fixement et lui interdisait tous les plats trop appétissants. C'était un colloque animé, sentimental où, après bien des remontrances, le docteur régent obtenait toujours pleine obéissance.

Un jour, Ninon fit un voyage d'une semaine et n'enmena pas Raton avec elle. Raton chercha partout sa maîtresse. Puis, il alla se coucher au pied d'un fauteuil sur lequel elle avait l'habitude de s'asseoir, et là, il mourut après trois jours d'attente. Raton fut empaillé et figure au Cabinet d'Histoire Naturelle de Paris.

Le TERRIER NOIR ET FEU est l'un des plus gros chiens d'appartement. Très commun en Angleterre, il est comme ses prédécesseurs un excellent ratier. On a l'habitude de lui couper les oreilles en pointe, pour que les rats aient moins de prise sur lui. Cette opération se fait entre six et sept mois.

Son pelage est noir et rouge foncé; son museau est rouge comme le nez et de chaque côté des yeux se trouve une tache rouge. La mâchoire inférieure, la gorge et la base de l'oreille, sont également d'un rouge feu. Cette même nuance se retrouve sur la partie inférieure des pattes de devant avec un trait noir au dessus de chaque doigt. La face interne des pattes de derrière est aussi rouge. Tout le reste du corps est noir. Ces chiens sont très gracieux et fidèles.

Il ne faudrait pas attribuer à un signe de décadence chez nous, le goût de plus en plus prononcé de nos grandes dames, pour ces petits chiens de luxe, et blâmer outre mesure cet engouement. De tout temps, la dévotion aux petits chiens a été à la mode. En Grèce et à Rome, dès les âges les plus reculés, les *bichons* font prime, dit M. Engerand, on se les arrache : Ils sont petits, avec un front assez large, le museau pointu, la queue touffue et en trompette. Les chiens de Sicile et des Gaules, Carlins et Bulldogs étaient également en faveur.

Le Christianisme n'arriva pas à abolir ce goût qui était devenu un véritable culte dont se plaint encore Saint-Clément d'Alexandrie au IIIe siècle. On recevait ces chiens, à table, au lit, et de nombreux domestiques étaient attachés à leur service.

Des sépultures étaient enfin réservées aux petits chiens des patriciens, pour la plupart bien plus somptueuses que celles des simples mortels.

Et, sans remonter si haut, Catherine II n'a-t-elle pas fait élever à ses chiens favoris à Tsarkoë-Sélo, un monument magnifique, ayant la forme d'une pyramide, entourée d'autant de tombeaux qu'il y a de chiens enterrés. Ils sont en marbre et portent toujours de pompeuses épitaphes en français et quelques-unes en vers.

LE BORZOÏ ou LÉVRIER RUSSE qui tient tout à la fois du chien d'appartement et du chien de garde.

La Russie possède un chien type qui est le Borzoï. C'est, aujourd'hui, la bête favorite dans beaucoup de chenils, de même que le noble compagnon des femmes de sport.

Comme goûts, conformation et maintien, le Borzoï est véritablement un aristocrate parmi la race canine, bien qu'au point de vue du pedigrée, il ne puisse réclamer cet honneur, en raison des nombreux croisements auxquels il a été récemment sujet.

Aussi agile et finement taillé que le lévrier, il a un poil magnifique, long, blanc et soyeux, tacheté de marques noires, ou de couleur citron.

Sa tête est allongée, gracieuse, sa poitrine profonde, ses pattes de devant et son arrière-train sont puissants, et sa queue assez fournie, qu'il laisse élégamment tomber; tout lui donne une allure de patricien.

Lévrier russe

En Russie, le Borzoï est l'ornement, non seulement des pelouses impériales de Tsarkoë-Selo et de Libau, mais encore des chenils appartenant à de grands Seigneurs.

Il sert, également, de chien de berger et de chien de garde. Il est agile et féroce, lorsqu'il est laissé à l'état libre sur les immenses steppes de Russie, mais docile et vigilant dans un domaine ou bien une propriété. Plus intelligent que le lévrier, bien que moins rapide, il est capable de faire preuve d'une grande affection.

Bull-Terrier

Son long poil l'empêche de ressentir les rigueurs de l'hiver, et son instinct naturel pour la chasse le pousse à prendre beaucoup d'exercices violents.

Lorsque ces animaux deviennent adultes, on laisse des loups en liberté parmi eux, dans leurs chenils, en Russie, en leur enseignant comment saisir leur proie au cou, exactement derrière les oreilles.

C'est là un tour d'adrese que le Borzoï n'oublie jamais.

On croit, en général, avec erreur, du reste, qu'il massacre le loup dans une lutte sauvage; il n'en est rien, il se contente de se suspendre au loup jusqu'à ce que d'autres chiens arrivent, suivis des chasseurs.

Le type parfait du Borzoï comprend, comme points caractéristiques, une grande force musculaire, combinée avec une extrême vitesse.

La hauteur moyenne aux épaules est de 0^m 70 ou 0^m 78, et son poids moyen varie entre 34 et 48 kilogrammes.

Son courage est un de ses points caractéristiques, beaucoup plus proéminent que son intelligence.

Les Borzoïs sont des chasseurs infati-
gables. On ne saurait les recommander
chez nous, cependant, comme chiens à
entretenir, ou comme favoris dans une
maison, car ils demandent beaucoup d'exercice.

Il semble même cruel, en quelque sorte,
de les maintenir ainsi prisonniers. Ils
chercheront, alors, à reprendre leur liberté
pendant un certain temps, du moins, et
leur propriétaire aura à s'en plaindre, car
il est plus que probable qu'il recevra des
demandes en dommages-intérêts de la part
de quelques-uns de ses voisins, après cette
fugue intempestive.

Si l'on veut faire une très belle bête
favorite, d'un Borzoï, il faut lui donner
beaucoup d'exercice. Il est bon avec les
enfants et point méchant avec les chiens de
petite taille. Il est souvent joueur, et *comme*

chien de garde, il est puissant et n'a peur de rien.

Ses mouvements sont gracieux, sa vitesse très grande et sa force facile.

LES BASSETS

Il y a encore à nous occuper, pour compléter, à peu près, notre classification,

Basset

des étranges bassets à corps normal, porté par des membres excessivement courts, type presque difforme, qui n'appartient pas à une race spéciale, mais, comme le type lévrier, peut apparaître, dans toutes les races. La sélection a donné des bassets dans le groupe des chiens courants :

Basset courant, à poil ras, de robe tricolore.

Griffon, basset courant, à poil dur.

Basset allemand (Dachshund), sous poil noir et feu ou fauve uniforme.

Terrier-Basset

Basset Allemand

IV

Logement et Hygiène du Chien en général
Elevage, Alimentation

La première condition pour avoir des chiens en bonne santé est de leur donner un logement bien sain, les soins hygiéniques indispensables et une nourriture bien choisie.

En beaucoup d'endroits, le logement du chien est fort négligé ; le chien ou les chiens couchent dans une vieille caisse ou tonneau abandonné, mal joint, mal abrité. Il faut que le chien ait un rude tempérament

pour ne pas gagner toutes sortes de maladies dans cette habitation malsaine.

On peut facilement et sans grande dé-
pense, établir un logement pour un ou plusieurs chiens. La classique cabane à
chien, montée sur quatre pieds qui se
trouve partout dans le commerce, quand
elle est bien construite, forme le commencement d'un logement assez confortable.
Chacun, sur ce modèle, peut fabriquer la
cabane dont il a besoin; mais l'idéal serait
de la construire démontable, afin de rendre le nettoyage et la désinfection plus
facile.

Pour qu'un chien soit à l'abri des dou-
leurs, des rhumatismes, il faut non seulement que sa cabane soit un peu élevée au-
dessus du sol, mais encore qu'elle soit
placée à uue exposition qui empêche l'hu-
midité d'y séjourner. Si l'on possède plu-

sieurs chiens de sexe différent, il est nécessaire de séparer les sexes pour ne pas s'ex-
poser à des portées continuelles. Cette habitation est parfaitement suffisante pour les
chiens qui ont accès dans la maison, dans
le jardin, ou qu'on laisse courir dehors. S'il
s'agit d'un chien de garde, il faut entourer cette cabane d'un grillage lui formant
une sorte de parc, afin de lui permettre de
prendre un peu d'exercice. Cela vaut mieux,
que de le tenir toute la journée à l'attache.

Il est très important que le logement du
chien puisse s'aérer et se nettoyer avec la
plus grande facilité. Les litières doivent
être souvent renouvelées ; on y mélange
des copeaux de sapin afin d'éloigner les
puces. Certaines herbes aromatiques comme
la Rue éloignent aussi les puces. Les feuil-

les de noyer mélangées à la litiére, rem-
plissent également le même but. On doit
opérer une désinfection complète toutes
les semaines, avec un antiseptique énergi-
que. Les chiens doivent être lavés et bros-
sés souvent ; si l'on peut les faire aller à
l'eau cela n'en vaut que mieux.

Chien d'appartement, de garde ou de
chasse, ce n'est pas assez de l'entourer de
soins hygiéniques, il faut encore l'habituer
de bonne heure à se conduire lui-même
avec propreté.

La niche qui abrite une chienne nour-
rice et sa petite famille, dont l'éducation
n'est naturellement pas prête d'être faite,
sera donc, si cette niche est dehors, foncée
d'une planche trouée, pour parer aux incon-
vénients de ce défaut d'éducation. Si la niche
se trouve dans l'appartement, il serait plus
pratique que cette planche fut mobile,

avec un petit rebord extérieur, **et** couverte de litière qu'on renouvellerait souvent.

Pour les petits chiens d'appartement, c'est une grave erreur de croire, qu'il est mauvais de les sortir en plein air, par les temps froids. Il faut à ces animaux de deux à **tr**ois heures d'exercice, tous les jours, et s'ils essaient d'y trouver à redire, on doit les y obliger jusqu'à ce qu'ils en aient **contracté l'habitude.**

Ne les tenez pas continuellement dans des pièces chaudes, car ils s'exposeront à une pneumonie à leur première sortie. Si le chien demeure beaucoup à l'intérieur, il faut lui faire prendre un bon exercice, les rares fois qu'il sortira, afin de rendre plus rapides la circulation du sang et la respiration, et d'éviter ainsi des malaises.

Ces précautions sont bonnes à prendre pour toutes les races de chiens.

Ne lavez pas vos chiens par les temps froids.

Non seulement, son poil se conservera mieux, s'il n'est pas lavé, mais vous l'empêchez de contracter une maladie. Le meilleur moyen de les nettoyer consiste à les brosser avec une brosse un peu dure qui enlèvera la saleté adhérente au poil aussi bien qu'au cuir.

Comme par les mauvais temps, les chiens sont particulièrement exposés à se crotter, laissez la boue se sécher d'abord, et puis brossez-les.

Si la boue persistait à rester, surtout sur le ventre et les pattes des Loulous et Colleys de couleurs claires, même après l'usage de la brosse, employez un peu de carbonate de magnésie que vous ferez bien pénétrer en frottant et en brossant, après, à fond.

Si certaines **taches** continuaient à se montrer, frottez **avec** de la magnésie, en quantité suffisante pour les cacher, et elles disparaîtront bien vite.

V

Elevage des jeunes

Les petits chiens naissent les yeux fer-
més. La mince membrane qui réunit
les paupières se déchire du dixième au
douzième jour; trop faible, pour marcher,
le chiot tette et dort, alternativement, sans
s'éloigner de la mamelle de sa mère. Au
bout de trois semaines, il marche librement;
mais, dans tout le cours du premier mois,
il ne recevra pas d'autre aliment que le lait
maternel.

A partir de la cinquième semaine, on lui
présentera un peu de lait de vache dans

lequel on pourra délayer une petite quantité de cervelle bien cuite.

Pendant toute la durée de l'allaitement, la mère fait disparaître dans son tube digestif la totalité des matières excrémentielles expulsées par ses petits ; mais elle paie d'une diarrhée constante son étrange dévouement. C'est M. Beul, de Bruxelles, qui le premier a signalé cette particularité.

Le raccourcissement ou l'amputation totale de la queue, dans les races que la mode nous impose mutilée doit se faire très peu de temps après la naissance; on attendra l'âge de trois à quatre mois pour tailler les oreilles.

Le sevrage a lieu à six semaines; il se fait progressivement; la mère, lorsque les mamelles se tarissent, cherche d'elle-même à se débarrasser de ses petits, et murmure chaque fois que leurs dents, **déjà acérées,** égratignent le mamelon.

Il est rare que le sevrage n'éprouve pas un peu les petits et ne soit une cause d'amaigrissement. A tous les âges de la vie, un changement de régime produit des effets analogues; mais si le sevrage est bien conduit, il ne devra **pas causer d'arrêt dans la croissance.**

Après la suppression du lait maternel, les petits chiens seront alimentés avec du laitage et des bouillies. Aux chiens qui vivent dans les fermes, le lait écrémé n'est généralement pas ménagé; **c'est un bon ali-ment de transition;** mais il est insuffisant par suite du départ de sa matière grasse, aussi faut-il le compléter par **des bouillies de farineux** ou des soupes.

Aux chiens de races délicates, on pro-longe quelque temps la distribution de lait de vache, mais comme **la composition de celui-ci** diffère notablement de celle du **lait de** chienne, on délaiera une petite quantité de cervelle bien bouillie et réduite en pâte pour obtenir un aliment à peu près semblable à celui de la **mère.**

Il est de toute nécessité que les jeunes chiens reçoivent une nourriture fortifiante et substantielle ; aussi, à partir du troisième mois, pourra-t-on commencer à donner de la viande. Mais ce n'est qu'à un an que les laitages seront tout à fait abandonnés pour faire place aux deux pâtées quotidiennes qui forment la base de l'alimentation des chiens adultes.

Le régime des jeunes chiens sera donc végéto-animal, à partir du milieu de la première année ; quelques cuillerées de café noir, 2 grammes de phosphate de chaux, dont on saupoudre les aliments, l'huile de foie de morue que l'on donnera à la dose quotidienne de 15 grammes, soit environ une cuillerée à soupe, sont nécessaires lorsque le développement du jeune marque un temps d'arrêt, lorsque les membres sont en voie de formation, lorsqu'enfin il y a lieu de craindre la maladie.

Pour les chiens délicats, ceux des races de luxe auxquels on accorde des soins tout particuliers ; on prépare, pendant la première jeunesse, des bouillies de farine ou de gruau d'avoine ; un peu plus tard, on leur fera cuire de la cervelle de veau ou de mouton. La cervelle, bien cuite, est un aliment facile de digestion ; elle est riche en principes minéraux si nécessaires à l'édification du squelette.

A tous les jeunes chiens, les repas doivent être régulièrement servis et à intervalles rapprochés ; mieux vaut donner peu et souvent, que de servir, en une ou deux fois, la ration de vingt-quatre heures. Cette dernière façon n'a pas d'inconvénient, pour les chiens adultes, mais aux jeunes, on donnera à manger, d'abord, cinq fois par jour jusqu'à trois mois, puis quatre fois jusqu'à six mois et trois fois jusqu'à la fin de la première année, ou même jusqu'à dix-huit mois, si les chiens restent longtemps délicats. La soupe, le pain, les pâtées de viande et de légumes, le lait écrémé et le petit-lait formeront la base du régime.

A l'époque de la dentition, les os d'un certain volume, mouton et veau, seront avantageusement donnés aux jeunes chiens qui les rongent, et finalement s'en amusent, ce qui leur aiguise les crocs. On proscrira les petits os de volaille, de lapin, de poisson qui peuvent, par leurs fragments acérés, provoquer des désordres intestinaux.

Le développement régulier du jeune animal exige du mouvement, de l'exercice, véritable gymnastique des muscles et de tous les organes internes. Il y a donc grande difficulté à élever des chiens dans les villes, là où l'espace est mesuré et où l'exercice ne consiste qu'en une ou deux promenades quotidiennes, le plus souvent au bout d'une laisse. Le propriétaire d'un chien de valeur fera bien de laisser son élève à la campagne jusqu'à l'âge de 12 à 15 mois.

Il ne faut pas oublier que si, durant l'allaitement, la mère n'était pas abondamment nourrie et d'une façon fortifiante, elle dépérirait et les chiots s'en ressentiraient. Dès l'âge de trois semaines, on apprend à boire aux petits, en leur mettant le nez dans une terrine de lait que l'on fait pénétrer dans leur gueule à l'aide du doigt. Ce lait est donné tiède.

Pour alterner avec le lait, durant le sevrage, on peut composer une excellente nourriture avec un fort bouillon de tête de mouton que l'on épaissit avec du riz crevé, le lendemain avec de la farine d'orge. Le riz crevé et la farine d'orge mélangés dans un bon bouillon de panse de mouton forment un excellent aliment. On se procure à très bon marché chez les bouchers les panses de mouton, on les coupe en gros morceaux pour en faire un gros bouillon

concentré, la viande est donnée aux chiens
adultes qui l'aiment beaucoup. Il est toujours très bon d'ajouter dans ces bouillons
deux ou trois gousses d'ail, haché menue,
ce qui est excellent pour combattre les
vers.

VI

Alimentation des Chiens adultes

Le chien n'est pas aussi carnivore qu'on se l'imagine ; au contact de l'homme, il y a bien longtemps qu'il est devenu omnivore. Le mélange d'aliments végétaux et animaux est pour lui bien préférable au régime exclusivement animal, mais une nourriture purement végétale ne saurait, par contre, lui convenir.

La ration d'un chien de forte taille, du poids de 60 à 65 kg., comprendra 1 kilogramme d'aliments contenant 400 grammes de matières animales et 600 grammes de matières végétales. Parmi les premières, nous citerons : les déchets de boucherie, la basse viande de cheval, la tête et les issues de mouton, la panse des ruminants, les *pains de cretons*, laissés par les fabriques de suif.

Il faut bien se garder des viandes de rebut, qui ne manqueraient pas de provoquer des empoisonnements, surtout chez les chiots. Quand on n'est pas certain de la provenance de la viande, on la fait cuire complètement et on évite, ainsi, tout danger. La viande de cheval, qui se vend très bon marché, est excellente pour les chiens.

Comme matière végétale, outre le pain, nous indiquerons : le chou, la carotte, le navet, la betterave, réduits en petits fragments, **et soumis** à une parfaite cuisson; la pomme de terre cuite, etc. Ne pas oublier de saler tous ces pâtés.

La viande de cheval peut, à la rigueur, être donnée crue, mais les déchets ou abats, seront toujours cuits complètement.

On donne, très fréquemment, du pain bis en soupe ou en pâtés, mais on ne peut songer à utiliser uniquement cette denrée qui forme des rations trop volumineuses, d'où l'indication de faire des mélanges avec des matières animales.

Le poids de la ration ne doit pas dépasser le quarantième du poids du corps pour des chiens de grande taille, comme les dogues, chiens courants, etc. ; le trentième pour des chiens de taille moyenne, comme les épagneuls, braques, chiens de Brie, et le vingtième chez les petites races, épagneuls, petits griffons, carlins, etc. Pour ces dernières, le pain peut être remplacé par des biscuits secs.

En dehors de ces cas exceptionnels, on

peut faire usage des biscuits pour chiens, gâteaux concentrés, habituellement compo- sés de 30 o/o de produits animaux, et 50 o/o de matières végétales, telles que farines, betteraves, dattes, etc., qui fournissent une alimentation à la fois hygiénique et écono- mique.

Un régime carné exclusif ou trop riche nuit à la santé des chiens d'appartement, des chiens privés de mouvement, d'exercice, qui restent lourds, paresseux, et contractent des affections cutanées dont il ne se débar- rassent que par des soins spéciaux, associés à une modification radicale dans leur nourriture.

Lorsqu'on ne possède qu'un ou deux chiens, les débris de table représentent, encore, un appoint assez sérieux dans leur ordinaire, auquel ils ajoutent un peu de variété.

En Angleterre, on donne aux chiens un pain d'avoine, qui est assez économique, et dont les résultats sont excellents.

Tous les ans, une grande quantité de chiens sont tués par des os de poulets, de lapins, de côtelettes. Les os plats du bœuf sont les meilleurs, car les chiens peuvent les ronger peu à peu, sans s'en fatiguer.

VII

Comment on connaît l'âge du chien

Les paupières s'ouvrent du 10ᵉ au 12ᵉ jour. Les incisives et canines supérieures apparaissent à la *troisième semaine*; à **un mois**, les incisives et canines inférieures. Jusqu'au *deuxième mois*, les dents se touchent; elles s'espacent ensuite progressivement.

A 2 mois 1/2, nivellement des pinces inférieures;

De 3 mois à 9 mois 1/2, nivellement des mitoyennes;

Vers le *quatrième mois*, nivellement des coins.

« Les six incisives de chaque mâchoire sont désignées sous les noms de : *coins*, pour les deux dents externes; *pinces,* situées au centre, *mitoyennes*, entre les pinces et les coins ».

La chute et le remplacement des dents de lait se font du *quatrième* au *cinquième mois* dans l'espace de trois semaines. Les gros chiens sont un peu en avance sur ceux des petites races.

Un chien qui a toutes ses dents permanentes, blanches, sans usure, compte de *six mois à un an* ; la taille complétera le renseignement.

A *quinze mois*, le bord des pinces est entamé par l'usure ;

A *dix-huit mois*, les pinces inférieures sont nivelées. (A remarquer que les dents inférieures usent beaucoup plus vite que les supérieures.

De 2 ans 1/2 à 3 ans, les mitoyennes inférieures sont nivelées;

De 3 ans 1/2 à 4 ans, ce sont les pinces supérieures;

Et de 4 à 5 ans, les mitoyennes supérieures;

A partir de la quatrième année, les dents jaunissent, l'usure devient irrégulière, en particulier chez les chiens d'appartement; de sorte qu'il n'est pas utile de pousser notre chronomètre dentaire, au-delà de la cinquième année.

VIII

Elevage et Entraînement du Colley

Pour obtenir les meilleurs résultats dans l'élevage et l'entraînement des chiens colleys, il faut *toujours* les prendre dès le plus jeune âge.

C'est ce que vous diront tous les bergers d'Ecosse qui se servent d'eux pour la garde de leurs troupeaux.

Il ne faut pas attendre que ces animaux soient déjà un peu grands, et ceci pour plusieurs raisons que voici :

La plupart des colleys sont très sensitifs et soupçonneux ; ils sont aussi d'un caractère délicat, et c'est là ce qui les fait souvent paraître plutôt lâches que hardis.

Mais cette lâcheté n'est pas une des caractéristiques du colley de race, bien soigné et de façon considérée, depuis son plus jeune âge.

Il faut qu'il ait du courage.

Aussi, quand il est jeune, ne lui faut-il jamais une niche, un lieu de refuge quelconque où courir se cacher, s'il entend le moindre bruit inaccoutumé ou s'il aperçoit une personne qui lui est étrangère. Autrement, vous pourriez être certain qu'à la première alarme, il aurait recours à cette retraite, et pour lui, cette habitude devient comme une seconde nature, et lorsqu'elle s'est une fois bien formée, il est difficile de la faire disparaître ou même la combattre.

Si, d'autre part, vous l'élevez de façon qu'il puisse être à même de voir tout ce qui peut se passer et de se familiariser avec ce qui l'environne, il apprend que les bruits divers et les différentes personnes ne lui causeront aucun mal, ce qui lui permet de développer un sentiment de courage, sans lequel il est peu d'espoir qu'il devienne jamais d'une utilité quelconque.

Le jeune chien montre-t-il du courage, n'ayez pas de crainte de l'entraîner de bonne heure. Apprenez-lui, d'abord, à reconnaître l'appel de son nom, à y répondre, à s'arrêter, à « coucher », et toutes autres actions similaires, mais, surtout, qu'il les accomplisse bien toutes au commandement.

Il apprendra tout ce que vous lui enseignerez, grâce au sens d'observation qu'il possède très développé.

Ne commettez cependant point la faute, — et c'est malheureusement trop souvent le cas — lorsque le colley est à peu près entraîné, de le gronder ou de le punir trop vite, s'il a commis quelque erreur dans la tâche que vous attendez de lui, car il peut n'avoir pas compris ce que vous vouliez.

Ne le grondez jamais pour une erreur que vous aurez pu commettre ou s'il ne saisit pas bien votre pensée. C'est difficile, nous le savons, et cela demande beaucoup de contrôle sur soi-même.

Notre petit colley est capable de faire bien des choses, et, en persistant, en employant des méthodes claires, simples et distinctes, on peut le guider, jusqu'à ce qu'il voit et comprenne le but de la leçon qui lui est donnée. Il accomplira, alors, sa tâche à souhait, et sentira croître, en lui, le désir de la répéter, de mieux en mieux, pour satisfaire le maître qu'il aime.

La mémoire du colley est prodigieuse, et

il n'oublie jamais ce qu'on lui a enseigné. Aussi se trouve-t-on récompensé du labeur et du temps employé à lui rendre ses leçons bien compréhensibles.

Nous trouvons d'actualité d'ajouter que ce beau chien des montagnes d'Ecosse est le premier qui ait su le mieux s'assimiler nos inventions modernes. C'est extraordinaire comme il aime à monter dans une auto. Il se complaît à entendre ronfler le moteur, et il goûte la vitesse comme un véritable sportman.

Une histoire récente à ce propos : Un riche fermier qui habite à six kilomètres d'un chemin de fer, envoie, tous les matins, son chauffeur et son chien dans une voiturette, sur une route qui aboutit à 1.600 mètres de la ligne. Arrivé là, le chien quitte la voiture, traverse les champs vers la voie ferrée, et attend que le train passe et que le conducteur du train lui jette les journaux, qu'il rapporte à l'endroit même où stationne la voiturette qui le ramène à la ferme.

Grâce à cet ingénieux procédé, le fermier reçoit ses journaux 24 heures plus tôt.

Chion ratier

IX

Comment on dresse un Chien

Pour bien dresser un chien, il faut l'observer dès sa plus tendre enfance, se faire une juste appréciation de son tempérament et de son caractère. Il faut avancer progressivement et lentement, leçon par leçon, et chaque leçon doit être une distraction, et non une corvée pour le chien.

Avant toute chose, dit M. Tarade, *ne frappez jamais votre chien. Les coups tendent à l'abrutir, à le rendre craintif et* par suite, incapable d'éducation. Quand vous voudrez obtenir quelque chose d'un chien que vous avez battu, vous le verrez la queue basse, se coucher à terre et ne rien faire de ce que vous lui demanderez : plus il sera rudoyé, plus il sera stupide. Que le moindre mécontentement perce dans vos paroles, dans le ton qui les accompagne, vous verrez aussitôt l'animal, vous regarder d'un air suppliant, et comme ayant l'air de vous demander grâce, s'il a commis quelque délit. Au contraire, si quelques paroles de bienveillance sortent de votre bouche, le voila aussitôt en liesse.

Les seules corrections permises envers un chien dont on veut faire son éducation sont celles-ci : Il faut les gronder plus ou moins vertement selon le cas ; on peut lui donner une légère chiquenaude sur le nez, ou une petite tape sur l'oreille, tout en l'admonestant ; on peut enfin, dans les cas exceptionnels, le menacer du fouet, en le faisant claquer près de lui, *mais il ne doit jamais en sentir l'atteinte*. Le chien a une connaissance très nette du bien et du mal qu'il fait ; si en votre absence. il a commis quelque délit, à la seule vue de l'animal, vous devinez qu'il y a quelque chose de répréhensible en sa conduite.

Quand vous êtes content de lui, quelques paroles de félicitations, quelques caresses, un très petit morceau de sucre, de loin en en loin, seront des récompenses dont il se montrera avide.

A six mois doit commencer son éducation : on lui apprend, d'abord, à rapporter un objet, ensuite à reporter cet objet où il l'a pris. On lui montre à rapporter en jouant avec lui, et cela s'obtient assez facilement. Quand, malgré tout, le chien se refuse à rapporter, on attend qu'il ait un an.

On prépare alors un collier de force, dont les pointes sont tournées en dedans et terminé à chacnne dès extrémités par une boucle. On passe dans les boucles une corde lâche. Il faut avoir ensuite un morceau de bois léger d'environ trente centimètres, aux deux bouts duquel on ajoute deux autres petits morceaux de bois court, figurant ainsi moulinet. Le moulinet doit avoir sur ses angles des dents comme une scie; d'abord, pour forcer le chien à recevoir cet instrument dans la gueule, en lui frottant légérement contre les dents; ensuite, pour l'empêcher de trop serrer les moulinets, et par suite, les autres objets. On jette le moulinet à quelque distance, en disant au chien :

apporte ! S'il apporte le moulinet, on le caresse. S'il refuse d'apporter, après plusieurs essais infructueux, on le conduit près du moulinet en tirant doucement le collier, dont les pointes lui font sentir sa faute; s'il ne prend par lui-même le moulinet, il faut lui amener le nez dessus et, au besoin, le lui mettre dans la gueule, puis tirer doucement la corde à soi en disant au chien : *apporte ! apporte !*

Quand il est venu à vous, on lui fait lâcher le moulinet en disant : *donne !* S'il ne veut pas le lâcher, il faut lui montrer quelques friandises, en continuant de dire : *donne !*

On continue ainsi, tout en jouant avec l'animal et, au bout de quatre ou cinq leçons, le chien doit apporter et donner le moulinet qu'on remplace par un mouchoir ou par un vieux gant.

Après ce premier exercice, il faut habituer le chien à s'asseoir sur son derrière en vous tournant le dos, quand il vous apporte l'objet demandé. Cela est nécessaire d'abord, parce que vous n'êtes pas exposé à voir vos vêtements salis par les pattes de l'animal, qui, autrement, viendrait souvent comme un jeune fou, se jeter sur vos jambes.

En second lieu, quand il s'agit d'un chien qui doit servir à la chasse, on évite aussi qu'il ne vienne à vous assez brusquement pour faire partir votre fusil.

Un exercice plus difficile consiste à bien faire rapporter le moulinet où il l'a pris. Cela exige, dans le commencement, le concours d'une autre personne. En faisant voir en jetant au chien l'objet voulu, on lui dit : *va chercher ! apporte !* Le chien ayant obéi, on le récompense par quelques caresses ou quelques friandises. Vous jetez l'objet au loin, du côté de la personne qui vous assiste, en disant au chien, *reporte cela !* Et vous lui montrez votre aide qui l'appelle en même temps et lui dit *donne !* C'est ainsi que vous l'habituerez, par degrés et avec beaucoup de patience, à aller quérir un objet quelconque et à le reporter à sa place, sur ces seules indications : va chercher ! apporte ! donne ! reporte cela !

Il faut bien insister sur ce commencement d'éducation, car c'est la base de toute celle qu'on pourra lui donner plus tard. Lorsque l'animal saura bien exécuter à votre commandement ces deux choses contraires, vous pouvez regarder son éducation comme très avancée. En effet, vous placez d'abord loin de vous, par terre, un mouchoir et des gants, je suppose, que vous dites au chien :

Va chercher le gant ! Apporte-t-il le mouchoir ?

Vous le grondez en ajoutant : *Non, non, reporte cela. — Apporte les gants !* S'il apporte encore le mouchoir, vous lui donnez une légère chiquenaude sur le nez, en disant : *Fi ! vilain, reporte cela ! Apporte les gants !* Le chien les apportera sans doute, à cette troisième épreuve. Caressez-le alors, et appuyez sur l'expérience ; faites-vous apporter les gants plusieurs fois de suite, pour que l'animal les connaisse bien. Faites-en autant pour le mouchoir, et voilà deux objets bien connus du chien, ce dont vous vous assurerez en lui faisant apporter successivement l'un et l'autre de ces objets, dout il n'oubliera jamais les noms.

A la leçon suivante, vous placez par terre un mouchoir, une clé. Vous dites à votre élève : *Va chercher le mouchoir !* Il vous l'apporte. *Reporte le mouchoir ! Apporte la clé !* Il vous l'apportera très probablement ; s'il apporte le mouchoir, un reproche. S'il l'apportait encore, une légère tape sur l'oreille.

A la fin de la leçon, le chien doit connaître parfaitement la clé. Vous en substituez ensuite uue petite ou une plus grande, et vous arrivez ainsi à lui faire connaître que quelles soient les dimensions de cet objet, c'est toujours une clé. Voilà trois objets connus du chien. Vous agissez de même pour un quatrième, etc. Puis, vous en mettez plusieurs en ligne, et vous les lui faites apporter et reporter successivement.

Les menus objets connus, vous apprenez à votre élève le nom des différents meubles, en les lui montrant et en lui disant : *Va à la commode ! Va à la table !*

etc., puis, quand il les connait, vous lui enseignez à porter, près de ces meubles, divers objets.

Ce sera ensuite le tour des personnes : le *monsieur*, la *dame*, l'*enfant*. Ce sera encore le tour de différents lieux : le *salon*, la *cuisine*, etc.

Retenez bien ceci : Plus vous exercerez l'intelligence et la mémoire de votre élève, plus vite il comprendra, et vous serez étonné de tout ce qu'il pourra apprendre.

Pour le chien, comme pour l'enfant, un mot n'a aucune signification, mais il apprend vite par l'habitude quelle chose représente telle émission de voix ; il faut donc insister sur la relation des mots et des choses comme nous les pratiquons d'ailleurs nous-mêmes.

S'il s'agit d'un chien de garde et de protection, on lui apprendra divers mouvevements; on doit toujours commencer par celui qui consiste à faire aplatir l'animal contre terre en restant immobile, c'est ce qu'on appelle le *Down*. Cette leçon doit toujours être courte, de quelques minutes à peine, mais répétées sept à huit fois par jour, à chaque repas et entre les

repas. Au commandement : *Terre!* accompagné du geste de la main qui semble écraser la bête, celle-ci placée devant sa soupe doit s'aplatir et ne plus bouger avant d'en avoir reçu la permission. Après huit jours de cet exercice, le chien obéit, même au geste. L'important et le plus difficile, c'est d'obtenir le down, à distance. Cela exigera peut-être des mois, mais nous n'insisterons pas pour en faire apprécier l'importance soit à la chasse, soit dans une ronde de propriété.

Peu à peu, par la suite, le chien, en véritable automate discipliné, arrive à comprendre les ordres : *Deux pas en arrière ! Sur le côté droit !* auxquels il obéit sans difficulté. *Trois pas en avant !* lui direz-vous encore, afin qu'il ne s'éloigne pas et ne se laisse pas distraire par les occasions. C'est l'idéal, c'est vrai ; c'est l'obéissance passive aux volontés du maître, et c'est toujours le but qu'on doit chercher dans ce genre d'éducation.

C'est avec des élèves ainsi dressés, tout d'abord, qu'on parvient à former les chiens policiers. Voici quelques exemples des épreuves qu'on leur fait subir : le chien a

la garde d'un objet, le maître s'éloignant ;
il recherchera un homme désigné par un
expert et défendra, sans commandement,
son maître attaqué à l'improviste par un
homme armé d'un bâton ; — lancé à la
poursuite d'un individu, il s'arrêtera à deux
mètres de lui ; — il attaquera un homme
immobile ; — il sautera un obstacle
en hauteur et en largeur, il escaladera
une clôture, une palissade. Il tirera de
l'eau un mannequin d'un mètre de haut,
etc., etc.

On peut parfaitement dresser des dogues, des chiens de berger, ou des setters,
des danois à traîner des petites voitures,
comme cela se pratique en Belgique, de
temps immémorial. On commence d'utiliser ces braves chiens dans nos ambulances,
pour les dresser à transporter les blessés
du champ de bataille. Les essais tentés, pen-

dant **la** dernière campagne de Mandchourie, **ayant** donné des résulsats très satisfaisants, **tous** les gouvernements se sont mis à organiser ce service, et, les dernières expériences tentées, ont amené à conclure que deux infirmiers cyclistes pouvaient aisément escorter un petit convoi de six voiturettes de blessés.

Pour obtenir d'un chien dressé ces merveilleux résultats, il faut savoir choisir une bonne race.

Aussi, pour les chiens de police, ce sont les chiens de berger et les airedaleterriers qu'on préfère. On sait que ces derniers sont affectés d'ordinaire à la chasse au sanglier, c'est donc un bon certificat. Pour 50 francs, chez un bon éleveur, vous pouvez vous procurer un chien de trois mois, de l'une de ces bonnes races. Informez-vous des qualités et des défauts de ses paren-s afin d'en faire votre profit, au cours de son éducation.

Comme ce chiot n'a pas eu encore la maladie, nourissez-le sainement, avec

des soupes composées de pain, de viande et de légumes frais, le tout préparé avec soin ; qu'il soit logé hygiéniquement, peigné et brossé tous les matins et couché la nuit dans un coin abrité contre les courants d'air, soit à la cuisine sur un tapis, ou tout autre pièce facile à aérer et à assainir.

Deux fois par jour, on le promènera pendant une heure, et cela est très important, pour le tenir en parfaite santé.

Son éducation de chien de garde commencera à six mois, car il a déjà appris à connaître ses maîtres et à leur obéir. Comme le but proposé, ici, est d'en faire un gardien utile et avisé, il faut l'habituer à ne connaître que vous-même ou la personne qui vous remplace. C'est à vous de procéder à sa toilette, à lui donner ses repas, à le conduire à sa promenade. En un mot, il ne doit vivre qu'en votre compagnie, de même que vous seul ou votre aide devez le caresser. Ceci est de la plus grande importance. Dans une famille, tout le monde veut caresser le chien, les étrangers également, eh bien, il faut l'interdire formellement. Pour l'habituer à cela, il sera bon, lorsque le chien sera seul, de lui faire donner sans raison, par une personne étrangère, un léger coup de pied ou de canne. Cette réprimande imméritée lui fera prendre en grippe toute personne étrangère.

Cette aversion augmentant avec l'âge, il arrivera à considérer comme un ennemi toute personne étrangère, ce qui l'amènera à vous protéger, autant dans son intérêt que par dévouement pour son maître qui n'a pour lui que des bontés. Cet attachement l'amènera, en outre, à une obéissance absolue.

Enfin, vous prendrez pour habitude d'emmener votre compagnon le soir dans des

8

endroits déserts et vous éveillerez son atten-
tion avec ce commandement : *écoute! atten-
tion !* La nuit, le chien perçoit très bien le
moindre bruit, et s'il voit quelque chose au
loin, il faut d'abord l'exciter à aboyer, puis,
petit à petit, lui fermer la gueule, afin de
n'obtenir qu'un faible grognement.

Ensuite, vous exercerez votre chien à guet-
ter, et ceci en vue d'une reconnaissance que
vous lui demanderez d'exécuter dans une
direction que vous estimerez dangereuse ;
habitué au rappel, il vous obéira au moindre
commandement *d'allez !* ou *d'ici !* etc.

Pour l'amener à attaquer l'homme, ce
qui est instinctif pour lui, si un ennemi
vous attaque, vous l'habituerez, en l'exer-
çant et en l'excitant à mordre, un endroit
désigné d'un mannequin ou d'un compère
revêtu d'un vêtement résistant, en lui
signifiant : mords ! mords !

On comprendra, avec ces rapides indications, tout ce qu'il convient de faire pour que votre ami le chien, devienne pour vous un protecteur et un défenseur.

Briquet

Á

Principales Maladies du Chien

Lorsqu'un chien est malade, il n'est pas difficile de s'en apercevoir : il est triste, refuse de manger, se retire dans des coins solitaires, enfin il pâlit, c'est-à-dire que son poil perd visiblement de son lustre et devient terne. Le plus difficile est de decouvrir quelle sorte de maladie l'affecte, car toutes, ou à peu près toutes, ont, au debut, les mêmes symptômes.

La Maladie. — A propos de l'élevage des jeunes chiens, nous avons déjà indiqué ce qu'il fallait faire, au début, pour la prévenir. Si une petite purgation mêlée à son lait ne suffisait pas, il faudrait lui poser un seton sur le cou. Un vomitif composé de 15 centigrammes d'émétique dans un verre d'eau, fait souvent avorter la maladie. Mais, au début, lorsque l'affection est légère, 15 à 20 grammes de manne dans du lait ou une cuillerée de fleur de soufre, doit suffire le plus souvent pour couper le mal.

Coliques. — Le chien d'intérieur est très sujet à des coliques, causées par le séjour et l'endurcissement des matières excrémentielles dans les intestins. Dans ce cas, le ventre de l'animal est gonflé, dur, douloureux, et il reste couché en poussant des plaintes plus aigues, a mesure que la douleur est plus sensible.

Constipation. — Donner du lait additionné d'eau de graines de lin, de la soupe aux légumes avec une rasade d'huile. Si le mal persiste, donnez-lui, tous les matins, une cuillerée à bouche d'huile d'olive dans un peu de lait chaud, ou administrez-lui quelques lavements d'huile ou de glycérine. La diète lactée s'impose pendant le traitement.

GALE. — On emploie, d'ordinaire, les frictions de Benzine ou d'huile de pétrole, mais nous préférons un onguent fait avec un verre d'huile de noix et 25 gr. de soufre en poudre, bouillis ensemble, jusqu'à consistance de pommade. On en frotte le chien tous les deux jours, jusqu'à 4 ou 5 fois; on le lave, ensuite, à l'eau tiède savonneuse, puis on le purge à la fleur de soufre.

CHANCRES A L'OREILLE. — On les traite en les cautérisant avec de l'acide phénique étendue de trois ou quatre fois son volume d'eau. Si les chiens ont de longues oreilles, il faut leur mettre un béguin en filet, sans quoi, ils secouent leurs oreilles, et le mal va toujours en s'aggravant.

DARTRES. — Elles se traitent avec du suc d'éclaire que l'on mêle à du vinaigre et du sel. On en frotte le chien plusieurs fois par jour. Si elles persistent, il faut saigner et purger l'animal.

RÉTENTION D'URINE. — Cette maladie, frequente, chez les mâles, offre certains dangers. On la traite avec des feuilles de guimauve, des asperges, des racines de fenouil et des feuilles de ronces bouillies ensemble dans du vin blanc, jusqu'à réduction d'un tiers.

ABCÈS. — Les percer avec un instrument quelconque et laver avec de l'eau mélangée de très peu d'acide phénique, soit 10 o/o environ. Souvent l'abcès se forme à l'orifice interne de l'anus et nécessite une petite opération.

PLAIES, BLESSURES. — Elles proviennent, soit d'une bataille entre chiens, soit de morsures d'animaux à la chasse. Lorsqu'elles sont graves, il ne faut pas hésiter à consulter un vétérinaire, mais, dans la plupart des cas, il suffira de les traiter avec de l'acide phénique étendu de 3 ou 4 fois son volume d'eau. On agit de même pour les piqûres.

TIQUES. — Cet insecte qui vit dans les bois, sur certains arbustes, les genêts principalement, guette les chiens, s'attache à leur peau et leur suce le sang. Il ne faut pas arracher la tique, mais la couper avec des ciseaux.

Puces et poux. — On évitera cette vermine, en lavant fréquemment les chiens, surtout pendant la belle saison, au savon noir. Pour les débarrasser de ces insectes, il suffira de les frictionner une ou deux fois, avec du pétrole. Après quoi on les savonne bien. Nous avons indiqué, également, de mêler à leur litière certaines herbes, et nous ajoutons des feuilles de noyer ou de chiendent fraîchement coupées.

Otite. — Ce catarrhe auriculaire est particulier aux chiens à longs poils. Lorsque ces chiens secouent les oreilles ou se les frottent avec obstination, il faut en examiner l'intérieur, et vous y trouverez, sûrement, les traces d'un écoulement qu'il faut soigner sans retard, sans quoi il deviendrait chronique.

Une diète partielle, des purgatifs de sirop de nerprun, des injections d'eau de manne, feront disparaitre l'inflammation. Si l'écoulement persiste, on ajoutera, à ce traitement, des injections de sulfate de zinc dissout dans de l'eau tiède, dans la proportion de 4 grammes par 1/4 de litre d'eau. Si la guérison tarde, il faut voir un vétérinaire, car l'otite risque, si elle est négligée, d'entraîner la surdité.

RAGE. — Cette terrible maladie est incurable. Un chien surveillé et qui ne court pas y est rarement exposé; toutefois, si un chien déserte la maison quelque temps, accueillez-le avec méfiance, et tenez-le surveillé. Aux moindres symptômes, faire abattre l'animal est d'une sage prudence. Si l'on est mordu par un chien enragé, faire saigner la morsure, la laver à grande eau, la cautériser de suite avec un fer rouge, en attendant l'inoculation Pasteurienne.

TABLE

Chapitres   Pages

I. Origines du Chien. — Races principales   7

II. Les Dogues et Chiens de garde........   29

III. Races de petite taille ou Chiens d'agrément..............................   39

IV. Logement et Hygiène du Chien en général. — Elevage, Alimentation...   63

V. Elevage des Jeunes................,...........   71

VI. Alimentation des Chiens adultes   81

VII. Comment on connaît l'âge du Chien...   87

VIII. Elevage et entraînement du Convoy...   91

IX. Comment on dresse un chien...   97

X. Principales maladies du Chien...   117

EXTRAIT DU CATALOGUE

CLOVIS HUGUES

1050 Poésies populaires........................ 1 v.

ŒUVRES DE MOLIÈRE

1051 La jalousie du Barbouillé. — Le Médecin
    volant. — L'Étourdi..................... 1 v.
1052 Le Dépit amoureux. — Les précieuses ridi-
    cules. — Le Cocu imaginaire............ 1 v.
1053 Don Garcie. — L'École des Maris........... 1 v.
1054 Les Fâcheux. — L'École des Femmes........ 1 v.
1055 La critique de l'École des Femmes. — L'Im-
    promptu de Versailles. — Mariage forcé.. 1 v.
1056 La Princesse d'Élide. — Don Juan.......... 1 v.
1057 L'Amour Médecin. — Le Misanthrope....... 1 v.
1058 Le Médecin malgré lui. — Le Sicilien........ 1 v.
1059 Le Tartufe............................... 1 v.
1060 Amphitryon. — Georges Dandin............ 1 v.
1061 L'Avare................................. 1 v.
1062 M. de Pourceaugnac. — Les Amants magnifiques 1 v.
1063 Le Bourgeois gentilhomme................. 1 v.
1064 Psyché. — Les Fourberies de Scapin......... 1 v.
1065 La comtesse d'Escarbagnas. — Les Femmes
    savantes................................ 1 v.
1066 Le Malade imaginaire. — Poésies.......... 1 v

DIDEROT

1067 1068 La Religieuse (Édition absolument complète)..... 2 v
1069 1070 Les Bijoux indiscrets (Édit. absolument complète) 2 v.

BOCCACE

1071 à 1074 Contes galants...................... 4 v.

DUC DE ROQUELAURE

1075 à 1082 Mém. secrets, Amours, Duels, Farces. 8 v.

SCHILLER

1083 Les Brigands............................ 1 v.

LE GÉNÉRAL LAZARE CARNOT

1084 Don Quichotte, poème héroï-comique et poésies. 1 v.

SAINT-JUST

1085 1086 Discours, œuvres politiques complètes.. 2 v.

Chez tous les libraires : 0 fr. 20 — Franco-poste : 0 fr. 25

EXTRAIT DU CATALOGUE

ŒUVRES DE PAUL FÉVAL

1 2 Le Fils du Diable .... 2 v.
3 4 Les Marchands d'argent........................ 2 v.
5 6 Les Trois Hommes rouges.................... 2 v.
7 8 La vengeance de Bluthaupt.................. 2 v.
   9 Ceux qui aiment.................................. 1 v.
  10 Haine de races.................................... 1 v.
11 12 Le Cavalier Fortune........................... 2 v.
13 14 Chizac-le-Riche.................................. 2 v.
  15 Le Vulnéraire du Dr Thomas.............. 1 v.
        Les Parents Terribles :
  16 Les Chenilles du ménage.................... 1 v.
  17 Enfin seuls !...................................... 1 v.

ŒUVRES DE PAUL FÉVAL FILS

21 22 Le Loup-Rouge................................. 2 v.
  23 Le Testament à surprises................... 1 v.
24 25 Le Faux-Frère.................................. 2 v.
        Histoire d'Outre-Tombe :
  26 Une soirée chez la Marquise.............. 1 v.
  27 Le Judas Breton .... 1 v.
  28 Le Bouquet du Moribond................... 1 v.
        Les Amours du Docteur :
  29 Tuteur infâme.................................. 1 v.
  30 Vierge-mère..................................... 1 v.
        Les Bandits de Londres :
  31 L'Œil de diamant.............................. 1 v.
  32 La belle Indienne.............................. 1 v.
  33 Trois Policiers................................. 1 v.
420 Un Notaire embêté........................... 1 v.

ŒUVRES DE CHARLES DE BERNARD

72 La Chasse aux Amants......................... 1 v.
73 Le Gendre.. 1 v.
74 Une Aventure de Magistrat................... 1 v.
75 Le Vieillard Amoureux......................... 1 v.
76 L'Homme de cinquante ans................... 1 v.
77 La Femme de quarante ans................... 1 v.

Chez tous les libraires : 0 fr. 20 — Franco-poste : 0 fr. 25

www.ingramcontent.com/pod-product-compliance
Ingram Content Group UK Ltd.
Pitfield, Milton Keynes, MK11 3LW, UK
UKHW020000100726
13658UKWH00002B/731